BEI GRIN MACHT SICH IHR WISSEN BEZAHLT

- Wir veröffentlichen Ihre Hausarbeit, Bachelor- und Masterarbeit

- Ihr eigenes eBook und Buch - weltweit in allen wichtigen Shops

- Verdienen Sie an jedem Verkauf

Jetzt bei www.GRIN.com hochladen und kostenlos publizieren

Dimitri Falk

Erstellung und Interpretation einer mehrschichtigen Karte

CO2-Emissionen und Anteil des Verbrauchs fossiler Brennstoffe am Gesamtverbrauch für Länder der EU (2007)

GRIN Verlag

Bibliografische Information der Deutschen Nationalbibliothek:

Die Deutsche Bibliothek verzeichnet diese Publikation in der Deutschen National-
bibliografie; detaillierte bibliografische Daten sind im Internet über http://dnb.d-
nb.de/ abrufbar.

Impressum:

Copyright © 2011 GRIN Verlag GmbH
Druck und Bindung: Books on Demand GmbH, Norderstedt Germany
ISBN: 978-3-656-60705-2

Dieses Buch bei GRIN:

http://www.grin.com/de/e-book/269567/erstellung-und-interpretation-einer-
mehrschichtigen-karte

RWTH Aachen

Geographisches Institut

Seminar Methoden der Visualisierung

Wintersemester 2010/11

Hausarbeit

24.03.2011

Erstellung und Interpretation einer mehrschichtigen Karte

CO_2-Emissionen und Anteil des Verbrauchs fossiler Brennstoffe am Gesamtverbrauch für Länder der EU (2007)

Dimitri Falk

Dimitri Falk

3. Semester

Studienfach: B.Sc. Angewandte Geographie

Inhaltsverzeichnis

1 Einleitung

Die Anfertigung der Hausarbeit erfolgte im Rahmen des Seminars „Methoden der Visualisierung" und umfasste die Erstellung einer mehrschichtigen thematischen Computerkarte mit geeigneter Software unter Verwendung unterschiedlicher Diagrammtypen, sowie die kurze Interpretation ebendieser. Vergleichend dargestellt werden sollen die beiden Variablen

„CO_2-Emissionen in Tonnen pro Kopf" und der „Anteil des Verbrauchs fossiler Brennstoffe am Gesamtverbrauch" für ein aktuelles Jahr nach Wahl für die Länder der Europäischen Union.

Im Verlauf der Hausarbeit wird zunächst detailliert auf das methodische Vorgehen eingegangen. So soll vor allem erläutert werden, welche Entscheidungen zur Auswahl von geeigneten Karten- und Datenmaterial beitrugen, wie die Digitalisierung der Kartengrundlage durchgeführt wurde, inwieweit die gewonnenen Daten vor ihrer Visualisierung aufbereitet werden mussten und auf welche Weise die aufbereiteten Daten im Anschluss visualisiert wurden. Ferner erfolgt die Präsentation der thematischen Karte als Resultat des methodischen Vorgehens sowie eine kurze Interpretaion der erstellten Karte unter Zuhilfenahme weiterer, nicht visualisierter Variablen sowie ausgewählter Fachliteratur.

2 Methodisches Vorgehen

Die erstellte Karte basiert auf Daten der Weltbank (2010a, 2010b) mit dem Bezugsjahr 2007 sowie einer Kartengrundlage aus dem Diercke Weltatlas (2008:77). Als Bezugsbasis für die Karte wurde die nationale Ebene gewählt, sodass ein übersichtlicher Vergleich des nationalen Energiemixes sowie der CO_2-Emissionen aus energetischer Nutzung pro Kopf für Länder der Europäischen Union ermöglicht wird, auch wenn dadurch regionale Disparitäten verschleiert werden. Aus Gründen der Übersichtlichkeit wurde entschieden die Variable „CO_2-Emissionen in Tonnen pro Kopf" als Choroplethenkarte darzustellen, wohingegen die Variable „Anteil des Verbrauchs fossiler Brennstoffe am Gesamtverbrauch" als Kreissektorendiagramm dargestellt werden sollte. Die Aufbereitung der Daten erfolgte mit Hilfe von Microsoft Excel 2007, die Erstellung der Karte an sich mit Corel Draw X5.

2.1 Digitalisierung der Kartengrundlage

Als Kartengrundlage wurde nicht die vorgegebene Europakarte (European Commission 2004) verwendet, sondern eine politische Karte, basierend auf einem flächentreuen zwischenständigen Azimutalentwurf nach Lambert mit dem Berührpunkt bei 50° Nord / 20° Ost, aus dem Diercke Weltatlas (2008:77). Durch das Scannen dieser Karte mit einer Auflösung von 400 dpi entstand somit eine Kartengrundlage höherer Qualität mit weniger stark verpixelten Ländergrenzen (vgl. Abb. 1), sodass das Abdigitalisieren der jeweiligen Länder mit einem geringeren Informationsverlust verbunden war und eine detailliertere Karte entstehen konnte. Zudem mussten bei der verwendeten Kartengrundlage keine markanten Punkte zur Berechnung des Maßstabs herausgesucht werden, da die vorhandene Maßstabsleiste ebenfalls abdigitalisiert werden konnte.

Abb. 1: Politische Karte Europas als Kartengrundlage (Diercke 2008:77)

Die Digitalisierung der Länder erfolgte mit Corel Draw X5 unter Verwendung des Tools „B-Spline". Dadurch konnten die Grenzen im Gegensatz zum Tool „Polylinie" als glatte Kurven dargestellt werden, was zum einen den Vorteil hatte, dass Verpixelungen bei der Digitalisierung bei einem Zoomfaktor von 800% weggerundet wurden und die digitalisierten Linien zum anderen optisch ansprechender waren. Digitalisiert wurden nicht nur die 27 Länder der Europäischen Union, sondern auch alle angrenzenden Länder, die aufgrund ihrer geographischen Lage eine Orientierung im Raum ermöglichen sollten (vgl. Abb. 2). Aus diesem Grund wurde als Hintergrundfarbe ein helles Blau gewählt, um auf den ersten Blick eine Unterscheidung zwischen Festland und Gewässern treffen zu können. Autonome Regionen von Mitgliedern der EU, wie z.B. die Azoren, die Kanaren und Französisch-Guyana wurden dagegen aufgrund der abgelegenen Lage und der geringen Bedeutsamkeit für die EU nicht berücksichtigt. Auf die Digitalisierung größerer Binnengewässer in Mitgliedsstaaten der Europäischen Union und auf die Beschriftung der einzelnen Staaten wurde bewusst verzichtet, um die Karte einerseits nicht zu überfrachten und andererseits, um nicht den Eindruck zu vermitteln, dass diese eine versteckte Relevanz zur Darstellung der thematisch wichtigen Daten haben. Abschließend wurden die abdigitalisierten Länder und der Maßstab proportional in ihrer Größe verändert und auf dem Kartenblatt entsprechend platziert.

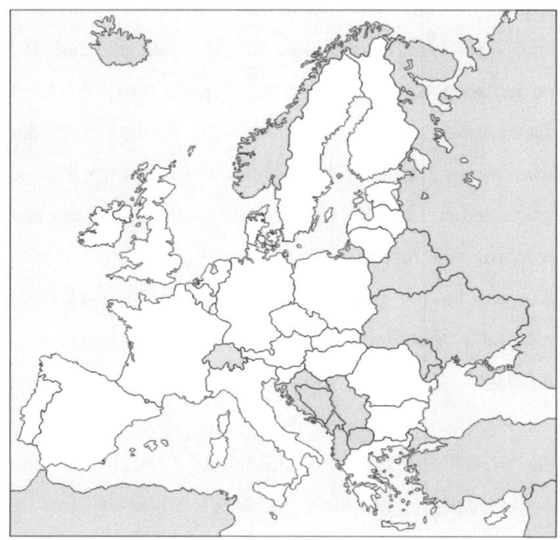

Abb. 2: Digitalisierte Kartengrundlage (verändert nach Diercke 2008:77)

2.2 Darstellung der CO_2-Emissionen als Choroplethenkarte

Im nächsten Schritt mussten die von der Weltbank zur Verfügung gestellten Rohdaten aufbereitet werden. Das statistische Material umfasste die CO_2-Emissionen pro Kopf für alle Länder und für einen Zeitraum von 1960 bis 2007 (World Bank 2010a), weshalb eine Selektion der Daten für die Mitgliedsstaaten der EU-27 und für ein möglichst aktuelles Jahr (2007) stattfinden musste. Die Daten wurden auf zwei Nachkommastellen gerundet. Ferner musste für die Darstellung der statistischen Daten als Choroplethenkarte eine Klassifizierung stattfinden.

Die Klassenzahl wurde nach Sturges mit 1 + 3,32 x log(n) berechnet, wobei n = 27 die Anzahl der Werte darstellt, und belief sich auf 5,75 Klassen, weshalb auf 6 Klassen aufgerundet wurde. Bei der Bildung der Klassengrößen wurde für die beiden Extremwerte für Estland und Luxemburg eine separate Klasse mit nach oben offener Klassengrenze gebildet, da es ansonsten aufgrund einer zu starken Streuung der statistischen Verteilung zur Bildung von leeren Klassen kam. Für die übrigen 5 Klassen erschien eine äquidistante Klasseneinteilung, beginnend bei 2,5 für Klasse 1 und endend bei 12,5 für Klasse 5, mit einer Klassengröße von jeweils 2, als geeignet. Die Genauigkeit der Klassengrenzen wurde auf eine Nachkommastelle reduziert. Dies erleichtert die Einprägsamkeit soll zudem keine Genauigkeit vorzutäuschen, die nicht existiert. Nach der Selektion der benötigten Daten und der Festlegung der Klassengrenzen wurde im nächsten Schritt über die Farbgebung entschieden. Eine relativ assoziative Farbgebung (hell: niedriger Wert; dunkel: höherer Wert) war naheliegend, daher fiel die Wahl auf eine einpolige Farbskala in Form der Aufhellungsstufen der gleichen Farbrichtung (vgl. Tab. 1). Nicht der Europäischen Union zugehörige Länder wurden aufgrund des Themenbezugs grau dargestellt und bildeten somit die siebte Klasse.

In einem letzten Schritt wurden die in Microsoft Excel aufbereiteten Daten mit den abdigitalisierten Flächen in Corel Draw verknüpft, indem diese gemäß der zuvor bestimmten Farbgebung farblich ausgefüllt wurden (vgl. Abb. 3).

Tab. 1: CO$_2$-Emissionen nach Klassen für Mitgliedsstaaten der EU-27 (verändert nach World Bank 2010a)

Mitgliedsstaat	CO$_2$-Emissionen in Tonnen pro Kopf	Klasse	Farbgebung
Lettland	3,44	2,5 bis unter 4,5	
Rumänien	4,37	2,5 bis unter 4,5	
Litauen	4,52	4,5 bis unter 6,5	
Schweden	5,38	4,5 bis unter 6,5	
Portugal	5,47	4,5 bis unter 6,5	
Ungarn	5,61	4,5 bis unter 6,5	
Frankreich	6,00	4,5 bis unter 6,5	
Malta	6,66	6,5 bis unter 8,5	
Bulgarien	6,75	6,5 bis unter 8,5	
Slowakei	6,85	6,5 bis unter 8,5	
Slowenien	7,48	6,5 bis unter 8,5	
Italien	7,68	6,5 bis unter 8,5	
Spanien	8,00	6,5 bis unter 8,5	
Österreich	8,27	6,5 bis unter 8,5	
Polen	8,32	6,5 bis unter 8,5	
Griechenland	8,76	8,5 bis unter 10,5	
Großbritanien	8,84	8,5 bis unter 10,5	
Dänemark	9,15	8,5 bis unter 10,5	
Deutschland	9,57	8,5 bis unter 10,5	
Zypern	9,60	8,5 bis unter 10,5	
Belgien	9,69	8,5 bis unter 10,5	
Irland	10,16	8,5 bis unter 10,5	
Niederlande	10,57	10,5 bis unter 12,5	
Tschechien	12,08	10,5 bis unter 12,5	
Finnland	12,12	10,5 bis unter 12,5	
Estland	15,25	12,5 und mehr	
Luxemburg	22,57	12,5 und mehr	

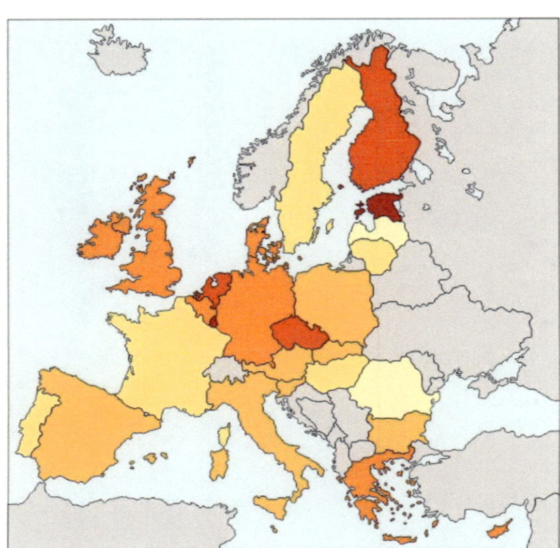

Abb. 3: CO$_2$-Emissionen nach Klassen für Mitgliedsstaaten der EU-27 (eigene Darstellung)

2.3 Darstellung des Anteils fossiler Brennstoffe als Kreissektorendiagramm

Für die Darstellung der Variable „Anteil des Verbrauchs fossiler Brennstoffe am Gesamtverbrauch" wurde das Kreissektorendiagramm gewählt, da es dem Betrachter intuitiv vermittelt, dass es sich bei der Darstellung der Daten um prozentuale Anteile handelt. Die Aussage des Diagramms wird somit umgehend übermittelt, ohne dass der Betrachter gezwungen ist lange Zeit für das Studieren der Legende aufzuwenden. Vorab mussten die von der Weltbank zur Verfügung gestellten Rohdaten jedoch wie bei der Darstellung der Choroplethen im Schritt zuvor aufbereitet werden, da das statistische Material für alle Länder vorlag und einen Zeitraum von 1960 bis 2007 umfasste (World Bank 2010b). Es folgte analog der letzten Datenaufbereitung eine Selektion der Daten für die Mitgliedsstaaten der EU-27 und für das Jahr 2007. Um die prozentualen Anteile in Form eines Kreissektorendiagramms darstellen zu können, musste zunächst der entsprechende prozentuale Anteil des Kreises bestimmt werden, was durch die Multiplikation des jeweiligen Prozentwertes mit dem Radius des Kreises (360°) erfolgte (vgl. Tab. 2).

Tab. 2: Berechnung der Kreissektoren aus dem Anteil der fossilen Brennstoffe (verändert nach World Bank 2010b)

Mitgliedsstaat	Anteil der fossilen Brennstoffe (in %)	Entsprechender Winkel des Kreissektors (in °)
Schweden	32,95	118,61
Finnland	50,03	180,12
Frankreich	51,22	184,38
Litauen	61,86	222,69
Lettland	64,18	231,03
Slowenien	69,15	248,94
Slowakei	70,76	254,73
Österreich	72,63	261,46
Belgien	73,07	263,04
Bulgarien	77,85	280,25
Ungarn	78,97	284,30
Portugal	79,12	284,83
Deutschland	80,80	290,88
Dänemark	82,28	296,22
Rumänien	82,81	298,10
Tschechien	83,01	298,84
Spanien	83,22	299,59
Luxemburg	89,19	321,09
Großbritanien	89,65	322,74
Italien	90,55	325,97
Irland	90,89	327,20
Estland	91,28	328,62
Niederlande	92,88	334,37
Griechenland	93,45	336,42
Polen	94,81	341,31
Zypern	96,64	347,89
Malta	100,00	360,00

Die Farbgebung der beiden berechneten Kreissektoren wurde so gewählt, dass ein möglichst schneller Informationstransfer begünstigt werden sollte. So wurde für den Anteil des Verbrauchs fossiler Brennstoffe am Gesamtverbrauch eine braune Farbe festgelegt, wohingegen für den Anteil des Verbrauchs alternativer und nuklearer Brennstoffe am Gesamtverbrauch eine grüne Farbe gewählt wurde. Diese Farbgebung hat zudem den Vorteil, dass sie einerseits einen guten Kontrast zwischen den Kreissektoren und andererseits zwischen Kreissektoren und Choroplethen verspricht. In einem letzten Schritt erfolgte die Visualisierung der Kreissektorendiagramme in Corel Draw, indem der berechnete Anfangs- und Endwinkel eines Kreissektors festgelegt wurde und die Diagramme anschließend in den entsprechenden Länder platziert wurden (vgl. Abb. 4). Als Durchmesser wurde ein einheitlicher Wert von 10 mm genommen, sodass die Diagramme nicht unproportioniert wirkten und somit ganze Länder bzw. die im Choroplethendiagramm dargestellten Werte verdeckten. Zudem sollte nicht suggeriert werden, dass durch die Fläche der Kreise versteckte Informationen vermittelt werden sollen.

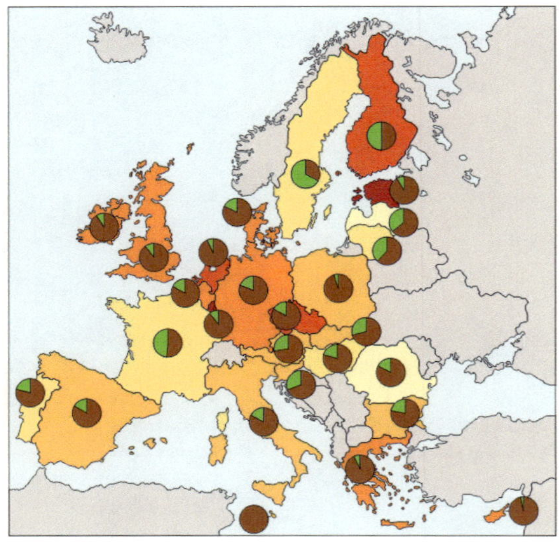

Abb. 4: Kombination aus Choroplethen und Kreissektorendiagrammen (eigene Darstellung)

In einem letzten Schritt wurde die Karte um wichtige kartographische Elemente ergänzt.

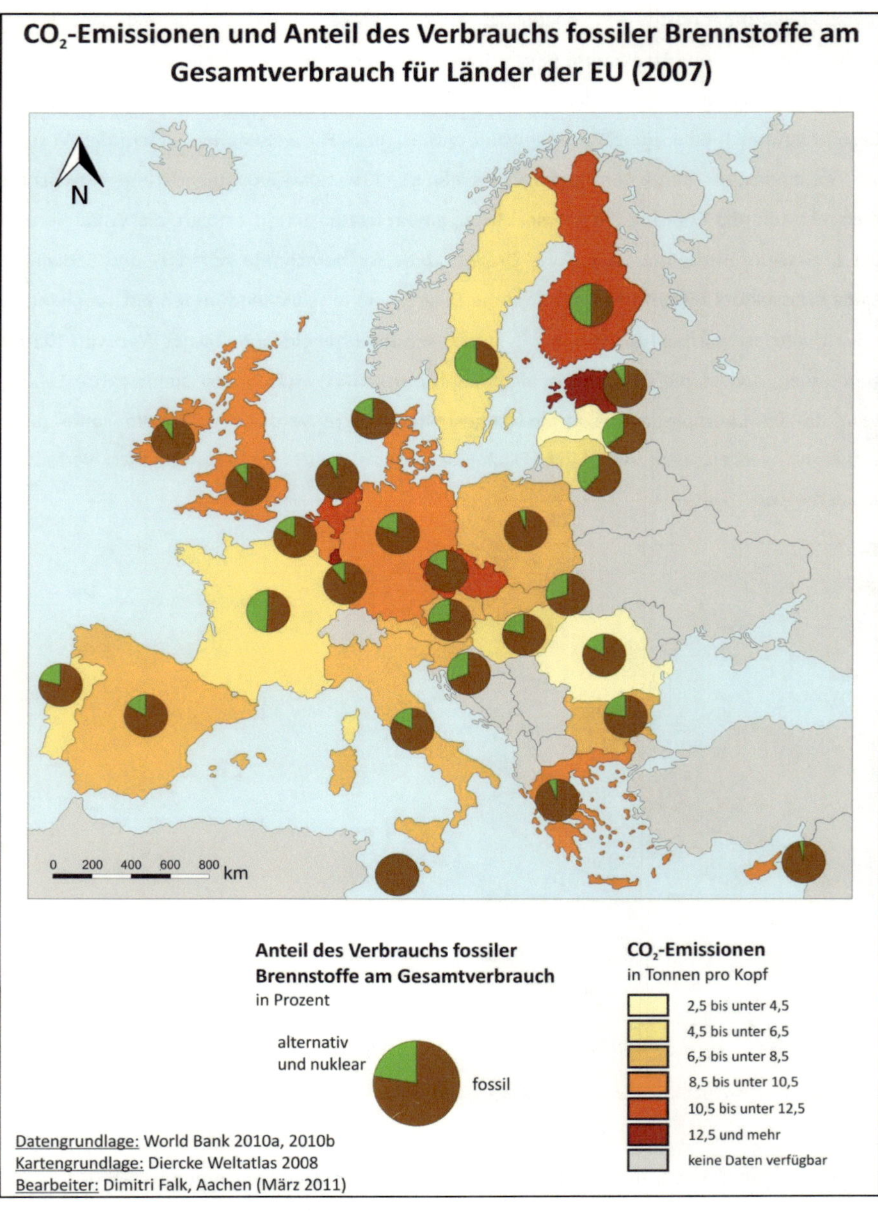

CO₂-Emissionen und Anteil des Verbrauchs fossiler Brennstoffe am Gesamtverbrauch für Länder der EU (2007)
N
0   200   400   600   800 km
Anteil des Verbrauchs fossiler Brennstoffe am Gesamtverbrauch
in Prozent
alternativ und nuklear
fossil
CO₂-Emissionen
in Tonnen pro Kopf
2,5 bis unter 4,5
4,5 bis unter 6,5
6,5 bis unter 8,5
8,5 bis unter 10,5
10,5 bis unter 12,5
12,5 und mehr
keine Daten verfügbar
Datengrundlage: World Bank 2010a, 2010b
Kartengrundlage: Diercke Weltatlas 2008
Bearbeiter: Dimitri Falk, Aachen (März 2011)

4 Interpretation der Karte

Die in der Karte visualisierten Kohlendioxidemissionen entstammen aus energetischer Nutzung und umfassen sowohl den Ausstoß infolge der Verbrennung fossiler Brennstoffe für die Energiegewinnung als auch für die Herstellung von Zement. Dazu gezählt werden jene CO_2-Emissionen, die aufgrund der Verbrennung von festen, flüssigen und gasförmigen fossilen Brennstoffen verursacht werden (World Bank 2010a). Die Variable „Anteil des Verbrauchs fossiler Brennstoffe am Gesamtverbrauch" berücksichtigt die Brennstoffe Kohle, Mineralöl und Erdgas (World Bank 2010b). Bei einer ersten Betrachtung der erstellten Karte lässt sich jedoch kein eindeutiger Zusammenhang (eine Korrelationsanalyse im eigentlichen Sinne wurde aufgrund des Umfangs der Arbeit nicht durchgeführt) zwischen den Variablen entdecken, denn auch wenn die Werte zweier Länder für den Anteil des Verbrauchs fossiler Brennstoffe am Gesamtverbrauch annähernd identisch waren (Bsp.: Finnland und Frankreich), so gab es stets Differenzen bei den CO_2-Emissionen pro Kopf. Aus diesem Grund wurden weitere Daten, wie das Bruttosozialprodukt pro Kopf, die Bevölkerungsdichte sowie die Fläche der Länder (vgl. Tab. 3) für die Interpretation hinzugezogen.

Tab. 3: Übersicht über ausgewählte Fakten für Länder der EU (verändert nach World Bank 2010a, World Bank 2010b, Fischer Verlag 2011)

Mitgliedsstaat	CO_2-Emissionen in Tonnen pro Kopf	Anteil der fossilen Brennstoffe (in %)	BSP pro Kopf (in USD, 2006)	Bevölkerungsdichte (in EW/km^2)	Fläche (in km^2)
Belgien	9,69	73,07	44.570	329	32.545
Bulgarien	6,75	77,85	5.490	69	110.994
Dänemark	9,15	82,28	58.800	128	43.098
Deutschland	9,57	80,80	42.410	230	357.112
Estland	15,25	91,28	14.570	30	45.227
Finnland	12,12	50,03	47.600	14	390.920
Frankreich	6,00	51,22	42.000	115	543.965
Griechenland	8,76	93,45	28.400	85	131.957
Großbritanien	8,84	89,65	46.040	253	242.910
Irland	10,16	90,89	49.770	63	70.273
Italien	7,68	90,55	35.460	199	301.336
Lettland	3,44	64,18	11.860	35	64.589
Litauen	4,52	61,86	11.870	51	65.301
Luxemburg	22,57	89,19	69.390	189	2.586
Malta	6,66	100,00	16.690	1.304	316
Niederlande	10,57	92,88	49.340	396	41.526
Österreich	8,27	72,63	45.900	99	83.879
Polen	8,32	94,81	11.730	122	312.685
Portugal	5,47	79,12	20.680	115	92.345
Rumänien	4,37	82,81	8.280	90	238.391
Schweden	5,38	32,95	50.910	21	449.964
Slowakei	6,85	70,76	16.590	110	49.034
Slowenien	7,48	69,15	24.230	100	20.253
Spanien	8,00	83,22	31.930	90	504.645
Tschechien	12,08	83,01	16.650	132	78.866
Ungarn	5,61	78,97	12.810	108	93.030
Zypern	9,60	96,64	26.940	93	9.251
Ø Europa	8,64	78,64	31.145		

Inwieweit die in Tab. 3 dargestellten Werte bei der Interpretation behilflich sein können, soll nachfolgend anhand ausgewählter markanter Werte beider Variablen demonstriert werden. Gemessen am EU-Durchschnittswert für „CO_2-Emissionen in Tonnen pro Kopf", der sich auf 8,64 beläuft, gibt es signifikante Abweichungen sowohl nach oben als auch nach unten. So sind z.B. Lettland und Rumänien die zwei EU-Mitgliedsstaaten mit den geringsten CO_2-Emissionen pro Kopf, was u.a. auf den niedrigen Entwicklungsstand und Lebensstandard, gemessen am BSP pro Kopf, zurückgeführt werden kann. Der Grund für niedrige CO_2-Emissionen in Schweden und Frankreich liegt wiederum auf der relativ geringen Bedeutung von fossilen Energieträgern, während die Wirtschaft in Malta hauptsächlich auf dem primären Wirtschaftssektor basiert und daher wenige Emissionen verursacht. Der Grund für hohe CO_2-Emissionen in Irland, der Niederlande und vor allem Estland kann z.B. in dem überdurchschnittlich hohen Einsatz fossiler Energie gesehen werden. Dieser Zusammenhang wird bei einer Betrachtung von Estland, Lettland und Litauen ziemlich deutlich, da alle drei Länder über eine vergleichbare Fläche, eine vergleichbare Bevölkerungsdichte und ein vergleichbares BSP pro Kopf verfügen, sich in ihrem Anteil am Verbrauch fossiler Energie aber signifikant unterscheiden. In Finnland werden trotz relativ geringem Anteil fossiler Energie aufgrund des hohen Lebensstandards hohe Emissionen verursacht. Luxemburg stellt mit einem Wert von 22,57 t CO_2 pro Kopf in dieser Hinsicht den absoluten Spitzenreiter dar, wobei eine deutliche Korrelation zum Lebensstandard, gemessen am BSP pro Kopf, festzustellen ist. Der relativ hohe Anteil am Verbrauch fossiler Energie trägt ebenfalls zur Bildung dieses Maximalwertes bei.

Bezüglich der Darstellungsweise des „Anteils des Verbrauchs fossiler Brennstoffe am Gesamtverbrauch" muss erwähnt werden, dass dieser stark vereinfacht ist, da lediglich „fossile" und „nicht-fossile" Brennstoffe unterschieden werden. Wie sich der Anteil des Verbrauchs nicht-fossiler Brennstoffe im Einzelnen zusammensetzt, d.h. welche Anteile auf die regenerativen Energien und die Kernenergie entfallen, bleibt in der Karte zwar unberücksichtigt, sollte für eine nähere Interpretation der Werte jedoch erwähnt werden. Die Staaten der Europäischen Union unterscheiden sich zum Teil erheblich in ihrem Energiemix, d.h. in der Zusammensetzung verschiedener Energieträger zur Energieversorgung, der nicht nur durch naturräumliche Gegebenheiten, Wirtschaftskraft, Fläche, Bevölkerungsdichte und Rohstoffvorkommen der jeweiligen Länder beeinflusst wird, sondern auch ein Produkt der Energiepolitik ist (Brücher 2009:25).

Bei globaler Betrachtung werden aktuell ca. 80% des Energieverbrauchs durch fossile Energieträger gedeckt (Nentwig 2005:176), die Europäische Union liegt daher mit einem Durchschnittswert von 78,64% (vgl. Tab. 3) nur knapp darunter. Wie bei den CO_2-Emissionen, gibt es auch beim Anteil des Verbrauchs fossiler Brennstoffe am Gesamtverbrauch signifikante Abweichungen vom EU-Durchschnitt. Schweden weist mit einem Anteil von 32,95% den mit Abstand geringsten Wert auf, was auf die enorme Bedeutung der Energiegewinnung aus Wasserkraft – und untergeordnet der Kernenergie – zurückgeführt werden kann (Hamhaber 2007:12). Begünstigt durch naturräumliche Gegebenheiten und eine geringe Bevölkerungsdichte war der Ausbau der regenerativen Energien, die im Vergleich zu anderen Energieträgern sehr flächenintensiv sind, in Skandinavien möglich. Der niedrige Wert von 50,03% in Finnland kann ebenfalls darauf zurückgeführt werden. In Frankreich spielt dagegen die Nuklearenergie eine wichtige Rolle, weswegen dort ein ebenfalls niedriger Anteil von 51,22% zustande kommt. Weitere wichtige Unterschiede, die nicht direkt aus der Karte hervorgehen, sind beispielsweise, dass Deutschland auf einen ausgewogenen Energiemix aus allen Energieträgern setzt, während Italien vollständig auf die Energieerzeugung aus Atomkraft verzichtet (Hamhaber 2007:21). Malta, Luxemburg und Zypern hingegen verfügen nur über eine geringe Fläche, weswegen sie nicht auf regenerative Energiegewinnung setzen (können) und deswegen einen hohen Anteil des Verbrauchs fossiler Brennstoffe am Gesamtverbrauch aufweisen. Die hohe Bevölkerungsdichte von 1304 Einwohnern pro km^2 führt in Malta sogar dazu, dass sich der Gesamtverbrauch vollständig aus fossilen Brennstoffen zusammensetzt.

Erwähnt werden muss abschließend ebenfalls, dass die erstellte Karte ledeglich eine Momentaufnahme darstellt und nichts über die Entwicklung der beiden Variablen in den Vorjahren und über die zukünftige Entwicklung verrät. Ebenso bleiben die absoluten Werte für den CO_2-Ausstoß und den Gesamtenergieverbrauch für die einzelnen Länder der Europäischen Union ohne Berücksichtigung. Zudem wäre es ebenfalls interessant weitere Variablen, wie z.B. die „Beschäftigung nach Wirtschaftssektoren" und den „Motorisierungsgrad", zur Interpretation der Daten hinzuzuziehen. Diese Aspekte können jedoch an dieser Stelle aufgrund des begrenzten Umfangs der Arbeit nicht aufgegriffen werden.

Literaturverzeichnis

Brücher, W. (2009): Energiegeographie - Wechselwirkungen zwischen Ressourcen, Raum und Politik. Stuttgart: Gebrüder Borntraeger Verlagsbuchhandlung.

Diercke Weltatlas (2008): Politische Karte Europas. Braunschweig: westermann.

European Commission (2004): EUROPA – The EU at a glance – Maps. <http://europa.eu/abc/maps/index_en.htm> abgerufen am 28.02.2011.

Fischer Verlag GmbH (Hrsg.) (2011): Fischer Weltalmanach – Zahlen, Daten, Fakten. <http://www.weltalmanach.de/staat/staat_liste.html> abgerufen am 28.02.2011.

Hamhaber, J. (2007): Bestens Vernetzt? Die Integration des Europäischen Strommarktes seit 1990. In: Geographische Rundschau 59(3), 20-27.

Nentwig, W. (2005^2): Humanökologie. Heidelberg: Springer-Verlag.

World Bank (2010a): CO2 emissions (metric tons per capita) | Data | Table. <http://data.worldbank.org/indicator/EN.ATM.CO2E.PC/countries?display=default> abgerufen am 28.02.2011.

World Bank (2010b): Fossil fuel energy consumption (% of total) | Data | Table. <http://data.worldbank.org/indicator/EG.USE.COMM.FO.ZS/countries?display=default> abgerufen am 28.02.2011.